黄鼠狼毛毛
的二十四个节气
秋·冬篇

杨炽 文/图

山东人民出版社

国家一级出版社 全国百佳图书出版单位

人生最重要一课
就是仁爱友情。

——美国歌曲"自然之子"

目录

地图

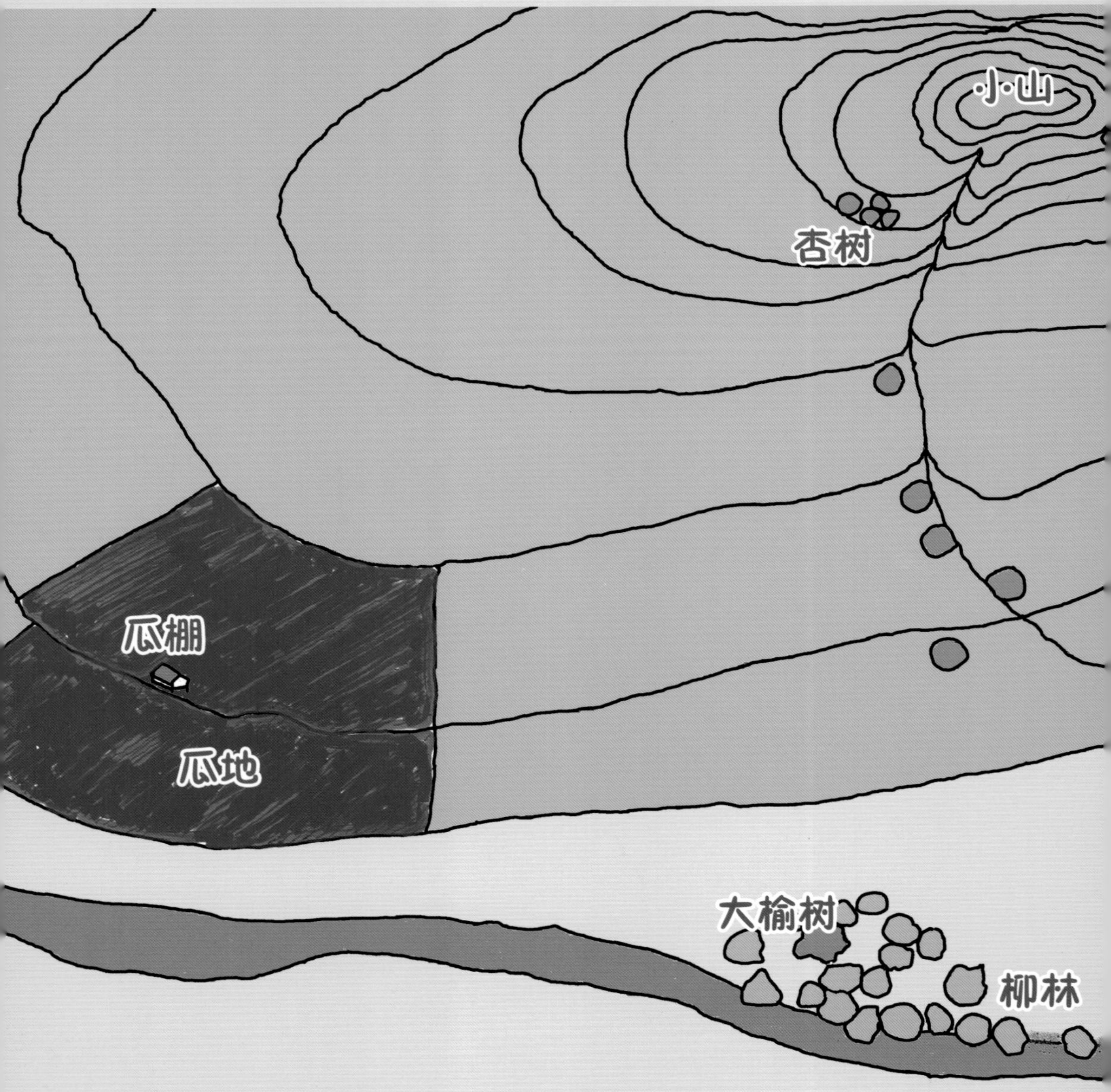

小山

杏树

瓜棚

瓜地

大榆树

柳林

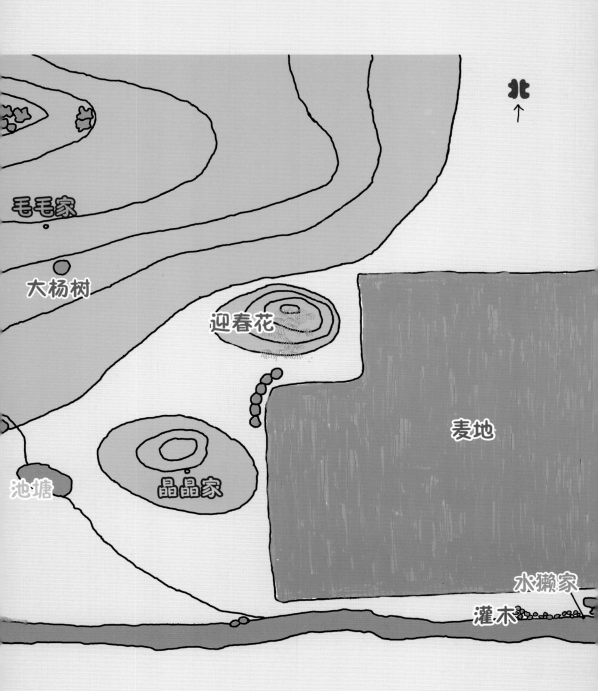

序

　　时间看不见摸不着。我们能察觉的是太阳的运行，是明暗，冷暖，干湿规律的变化，和生物的生死周期。太阳在天上，所以中国人管时间叫天时。中国古人根据太阳的运行把一年平均地分成二十四段，就是二十四个节气。

　　二十四节气是一个好的历法，它不仅教人们去观察研究大自然，也把华人社会敬祖、尊老、爱幼、互助的一系列习俗和自然变化对应起来，告诉我们：天时的周期和人的生死周期是类似的，人类生活要遵循天时，遵循自然规律。春天我们珍惜生命的发生；夏天我们感谢万物的繁茂；秋天我们为将到来的冷天储藏食物；冬天我们手拉手坚信春天和新的生命必然重来。

有了太阳的热能，地球上才有了生命。有了人和人之间的爱，生命才有了意义。这本书是通过几个小动物友爱的故事演绎二十四个节气这个历法的含意。

前言

一只小黄鼠狼躺在喜鹊窝里，听喜鹊老科讲故事。他的名字叫毛毛。

老科说："圆圆的地球姑娘慢慢绕着太阳转大圈，一年转一圈。一年好长，地球没事干，她就自己一天转一个身，一半时间晒晒肚皮，晒热了，再转过去晒晒屁股。"

毛毛觉得肚皮和屁股很好玩："晒肚皮就是白天，晒屁股就是黑夜，是吗？那冬天和夏天呢？"

老科说："对。晒肚皮就是白天。你听我给你讲冬天和夏天的事儿啊。

地球姑娘胖得像个西瓜，而且有点懒。她不是站直了对着太阳。她是斜在那儿。所以呢，在太阳东边的时候她的脚离太阳近，这一块地方就晒热了，过夏天。等她到太

阳西边的时候呢，她头又离太阳近了，脚底下就冷了，过冬天了。这时候头上这一块就过夏天了。"

毛毛坐起来，睁大了眼睛："现在咱们这儿冬天，地球上有人在过夏天？"

老科说："是啊。中国过冬天的时候，澳大利亚就过夏天。地球围太阳绕这么一圈，咱们这块小地方每天离太阳的距离都不一样，从近到远，再从远到近。春夏秋冬，从热到冷，从冷到热，有发芽的时候，有开花的时候，有结果的时候，有休息的时候，多好啊。"

毛毛又躺下了，不以为然地说："那我也不发芽，也不开花，也不结果。"

老科说："你是开不了花。可是玉米会发芽，玉米会开花，会结籽，玉米熟了，就让田鼠偷吃了。田鼠吃胖了，就让小毛毛抓住吃进肚。

种田天气最重要。中国人要种田，就每天仔细看天气，看了几年他们就决定把一年分成二十四个节气。不像世界上其他地方，只分两个季节：旱季、雨季；或是四个季节：春、夏、秋、冬。我们中国一下子有二十四个季节！每个节气干什么农活，吃什么饭，都有规定。"

毛毛听到把田鼠吃进肚，觉得很舒服。他闭上眼睛，就睡着了。什么二十四个节气，他根本没听见。老科看他睡着了，给他盖了一个翅膀。他也睡觉了。二十四个节气只好以后再讲了。

立秋

凉风至
白露降
寒蝉鸣

立秋

八月七日立秋。四个朋友还记得立夏的时候说过，到了立秋还得称一遍体重，看这一夏天到底是胖了还是瘦了。所以他们计划还是到瓜棚去，用那里的秤称一下。问题是，立夏的时候，瓜棚里没有人，也没有狗，他们没有危险。现在立秋了，瓜棚里有看瓜的老爷爷，还有他的一条大黄狗。这样要去称体重就很不容易了，必须半夜趁他们睡着了去。

他们在喜鹊老科的杨树下讨论行动计划。晶晶皱着眉

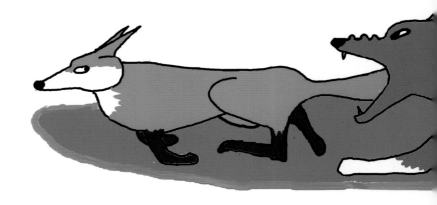

头说："没事儿。如果狗醒了，我就把他引开。你们赶紧跑。"

莎莎不放心："你有大黄狗跑得快吗？他腿比你长。他要是追上你，你就完了。咔嚓一口，你美丽的大尾巴就没了。"

毛毛说："还是我去引大黄狗吧，他一靠近我，我就放屁熏他。一熏，他就不追了。"

莎莎说："回头他不追你了，改成追我们了。不过我倒不怕他咬。他咬我，我扎他。"

喜鹊老科在树上听他们讨论，很有兴趣："要我说，你们最好别去惹那条狗，他脾气很坏。体重不称就算了，

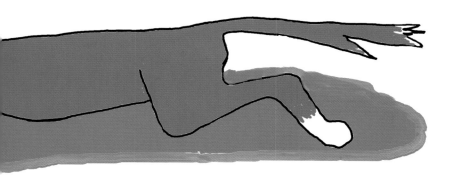

立秋还有别的节目呢。"

彩虹一听"节目"就高兴了："什么节目？什么节目？"

有人听他说话了，老科站直了："你听我说啊，立秋一个节目是得预测秋天热不热。这得由我去跟太上老君打听，看立秋是几点立。啊！再一个啊，立秋得'抓秋膘'，就是吃好点儿，想法儿长肉，也就是得炖肉吃。第三呢，立秋得吃瓜。西瓜、香瓜都行。"

晶晶说："要弄一个瓜，还是得上瓜地。反正也得去，就去称一称体重吧，如果进不去瓜棚，再摘一个西瓜不晚。"

彩虹说："那谁炖肉呢？"

莎莎说："我就知道你忘不了炖肉。毛毛你把田鼠抓来，我就管炖肉。"

毛毛说："没问题。今天下午吧。哎，老科，您帮我们找太上老君打听几点立秋啊，看今年秋天热还是不热，好吗？"

老科说："小毛虫！没问题。我这就去。"

晚上他们去了瓜地。毛毛先悄悄走到瓜棚里去看老爷爷和狗有没有睡觉，发现老爷爷在和另外三个老爷爷打麻将，黄狗倒是在棚子外面睡着了。

看来称体重是没戏了，那么行动计划就是偷瓜。他们小声商量了一下。晶晶决定咬下来一个西瓜，一路滚回去。莎莎准备偷一个香瓜，让毛毛帮她放背上，背回去。彩虹的任务是看着大黄狗，如果他醒了，通知大家。

彩虹看黄狗睡得好香。他的皮毛像一床柔软的褥子。

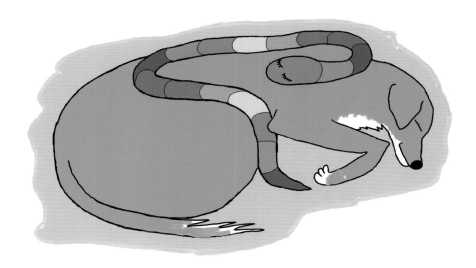

彩虹盯着黄狗盯了一会儿，自己也犯困。她想："不好，这条狗会催眠术！回头我睡着了，狗醒了，他该跑了。不如我就到他身上去睡，他醒了我也能醒。"她就滑到黄狗身上，一半在他背上，一半在他肚子上，卷着睡着了。

夜里很静。莎莎悄悄地找了个特甜的香瓜，咬了下来，让毛毛轻手轻脚抱到她背上。晶晶也小心翼翼地咬下来个闻着有甜味的大西瓜，慢慢地往坡上回家的方向推。这时忽然瓜棚里有一个老爷爷和（hú）了牌，啪唧把麻将牌推倒了，大声宣布："'和'了！"。

另外三个老爷爷大吃一惊，同时用巴掌拍了桌面：啪！

"坏了！""让他'和'了！"

大黄狗惊醒了，彩虹也惊醒了，睡眼朦胧地瞪着黄狗。黄狗见自己身上一条蛇，正很凶地看着自己，吓得四脚跳了起来，离地一尺，同时发出跟大叫驴一样的哀号声，随后就夹着尾巴跑到瓜棚里躲在桌子底下，再也不肯出来。

狗叫声把晶晶吓了一跳，一松手，西瓜拐了个弯，往坡下滚去。这个坡挺陡的，西瓜越滚越快，晶晶不知是追西瓜好，还是逃命重要，犹豫了一下，结果西瓜已经追不上了，没一会儿，就滚到河里去了。晶晶往家跑，不久就追上了莎莎和毛毛。莎莎问："你没事儿啊？我以为你把那条狗的尾巴给咬掉了呢。"

晶晶糊里糊涂："没有啊，我听见驴叫就赶紧跑，把西瓜也给弄丢了。可能狗把驴给咬了吧？"

毛毛说："什么驴啊？那是狗叫。肯定是彩虹把狗咬了。"

晶晶说："那驴呢？"

彩虹这时也赶到了："什么驴？你们碰见驴了？我看着那条狗，他睡着睡着忽然诈尸了，跟触了电一样，吡哇

大叫，跳起来好高。吓得我赶紧溜，没看见驴。"

莎莎说："什么乱七八糟的！咱们回家吃炖肉吧。一个人还有一块香瓜。"

第二天早上毛毛见到喜鹊老科，想起来立秋的问题："老科，您问了太上老君了吗？"

老科说："问了。太上老君宣布，今年立秋是22点02分。'朝立秋，凉飕飕，夜立秋，热吼吼。'今年秋天要热。"

毛毛说："谢谢您，老科！昨天夜里我们吃肉，还剩一碗，我给您端出来哦。您等着，您没体重更得抓秋膘了。"

处暑

鹰乃祭鸟
天地始肃
禾乃登

处暑

　　自从夏至做了大暑船，四个朋友就每天都在河边玩。河边凉快。毛毛发现自己游泳没有小水獭游得快是因为小水獭指头中间有蹼（pǔ），跟鸭掌一样，好划水。彩虹发现她其实也能游泳，而且还游得挺快。不过这种运动比较累，彩虹不喜欢太累的运动。

　　他们玩累了，傍晚的时候回到喜鹊老科的大杨树下，躺在地上，听老科讲鬼故事。听得毛发都立着，心怦怦地跳，好刺激！

　　老科的故事讲的是一只猫，她没有吃主人的金丝雀，可是主人非认定金丝雀是她吃的。（其实金丝雀是自己跑了。）结果主人就把她装在口袋里，里面放了大石头，扔到河里淹死了。这只猫很冤枉，所以她就变成了一个冤魂孤鬼，就住在水里。故事都是讲这只猫的鬼怎么晚上出来吓唬不同的人。

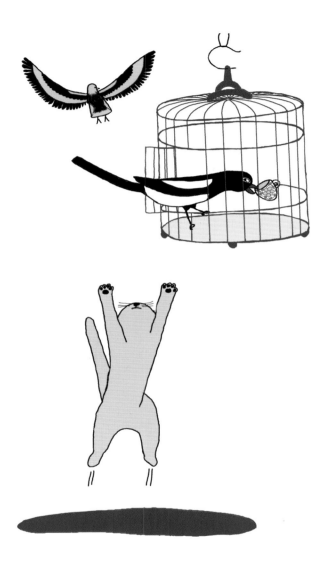

"呜——"彩虹拉着长音，一起一伏地说："这只猫好可怕。"

莎莎说："我倒是觉得她真可怜。"

老科说："你觉得她可怜，应该去河上放一盏河灯。今天八月二十三号，节气是处暑。处暑前后几天也是中元节、鬼节，正应该放河灯。冤魂孤鬼如果能托到一盏河灯，就不用继续做鬼，可以托生再活一遍了。"

莎莎说："好。咱们一人做一盏河灯，可以救四个可怜鬼。怎么样？"

毛毛说："我们手没有你巧，怎么做河灯呢？"

莎莎说："动脑子呗，也没人规定河灯必须是什么样的，能漂，能托起一截小蜡烛就行。"虽然这么说，莎莎心里决定自己可是要做一盏最漂亮的河灯。

第二天，莎莎到池塘去摘了一朵荷花。她想把中间的小莲蓬去掉，好放蜡烛。可是刚把莲蓬掰掉，花瓣就都一片一片地掉了："嗬，你不愿意帮助小猫咪不是？那我找睡莲去。"莎莎摘了一朵睡莲，这花中间是空的，正好放蜡烛。一个小河灯完成了。"谁的河灯能比我这盏更美丽？！"

晶晶想起上回西瓜滚到河里，是漂着的。他决定摘一个小西瓜，切一半，把里面的瓤都吃光，剩下的瓜皮肯定能漂。而且绿颜色上有黑条条，也很好看啊。

毛毛的想法也差不多，他选的是一个白色的甜瓜。他选这个瓜主要是因为瓜甜，他很喜欢吃。

彩虹在一个鸟窝里找到一个破了的鸟蛋，里面的蛋白和蛋黄早就被虫子吃掉了，就剩半个蛋壳，她用嘴把这破蛋壳收拾了一下，弄整齐了："别看小，我的河灯最精致！这个鸟蛋壳上还有花纹呢！"

到了晚上，四个朋友把河灯拿到河边去点。睡莲没有太阳就合上了。莎莎没有最美丽的河灯了！她好伤心。毛毛说："别

着急，我去给你找一个新的河灯。"毛毛就赶紧跑回小池塘，摘了一个特别大的荷花花瓣，小心地拿来给了莎莎。"你看，这个小船粉红粉红的，多美丽啊！"

莎莎说："谢谢你。"

他们点着了小蜡烛，把河灯放到河里去了。河水带着四盏小灯慢慢地往下游漂去。

毛毛问："莎莎，你希望你救的鬼托生成什么动物？"

莎莎说："刺猬。你呢？"

晶晶说："我希望我救的鬼也做狐狸，做狐狸挺好。"

彩虹说："我也不知道做什么好，做什么都好。只要活着，有吃的，有朋友就好。"

毛毛说："我希望我救的鬼托生成一只鸟。我觉得做鸟挺棒的，能飞，能去很远很远的地方，看世界。"

白露

鸿雁来
玄鸟归
群鸟养羞

白露

九月八号，莎莎告诉大家："白露了。夜里要凉了。水汽凝在植物表面，就形成露水了。"

毛毛问："白露有什么好玩的？"

莎莎说："还真没听说什么。咱们问老科吧。"

到了树底下，老科正好在树上。"老科，您好！白露好玩吗？"

老科好像觉得这个问题有点奇怪，他一歪头，"白鹭一般不跟你玩。就连我们这些普通杂鸟，他都不跟我们玩。白鹭就跟白鹭玩。"

毛毛、晶晶、莎莎、彩虹，大眼瞪小眼，想了一会儿这是什么意思，最后毛毛说："我们问的是白露节气。您说的是什么啊？"

老科四周看了看："嗨！嗨！你说的是那个，说岔了。嗨！嗨！"毛毛正寻思老科还要说多少个"嗨！"呢，老科改词儿了，"哦！白露！那个白露，"他想了想，"白露嘛，就是有露水。到了白露嘛，白鹭，我说的是那个鸟啊，那个大白鹭鸶鸟，就该飞了。它飞哪儿去呢？谁也不知道。肯定是有鱼的地方啦。"看来老科的心思还在白鹭鸟身上。

毛毛又问："那白露节气除了看白鹭大鸟飞没飞，应该干什么呢？"

老科不感兴趣地说："哦，白露。夜里采集露水。喝了白露节气九种花瓣上的露水，你就长得跟花儿一样漂亮了。"

莎莎说："真的吗？"

老科说："信不信由你。我反正没试过。"

毛毛说："这是姑娘们的事儿。我们漂亮不漂亮无所谓。是不是，晶晶？"

晶晶好脾气地笑笑："呵呵，咱俩已经很漂亮了。不用喝花露水了。"

第二天，天蒙蒙亮，毛毛睡不着，越想越觉得自己不够漂亮。如果能再漂亮些，不是很好吗？他就跑出来找露水。要找九种花上的露水，太难了。好容易找到一朵花，一看，上面没有露水了，好像让谁给舔了。是谁走在他前面了呢？一定是莎莎，或者是彩虹。好容易再找到第二朵花，也没

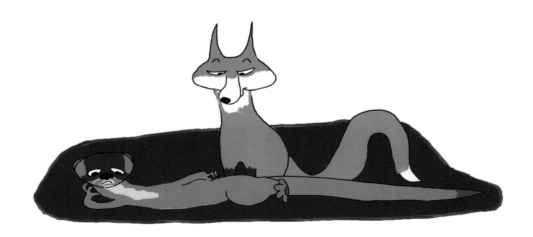

有露水了；第三朵花也没有露水了，又让谁给舔了。毛毛想，真可气，到底是谁呢？看地上的脚印像是晶晶来过，是今天早晨新的脚印。可是毛毛闻一闻花瓣呢，又没有晶晶的气味。这可真奇怪。毛毛没办法，只好回家了。不好看就不好看吧，可惜耽误了好几个钟头的觉。

吃了早饭，毛毛去找晶晶。晶晶的新家就在隔壁，原来老家里的镜子也搬过来了。莎莎正在镜子前面往头上插一朵花。毛毛看看莎莎：好像跟原来长得一样，一点儿也没变。可是莎莎低下头，使劲往上看，显摆了一下她的长睫毛，然后不好意思地抿着嘴一笑："你看得出来我喝了露水吗？"

毛毛觉得她挺可笑，可是莎莎是好朋友啊，他就说："哈，差点儿认不出你来了。花露水还真管用。"

莎莎说："我够不着花上的露水，是晶晶驮着我去的。"

毛毛想：啊，怪不得地上都是晶晶的脚印呢！

过了一会儿，彩虹来了。她今天倒是显得很精神，很漂亮的样子，眼睛都是亮亮的。毛毛说："嘿，彩虹，你今天真漂亮！喝露水啦？"

彩虹一笑："我才不信那个露水呢，不就是冷凝水吗？凭什么有那么大魔力啊？我就睡我的美容觉。睡好了觉，精神好，我就漂亮。"

秋分

雷始收声
蛰虫坏户
水始涸

九月二十三日秋分。又到了白天和黑夜一样长的时候了，往后可是天越来越短了。毛毛起来就去问老科，秋分有什么好玩的事儿。老科告诉他，秋分应该"摸秋"。弄明白了摸秋是怎么回事，毛毛就把晶晶叫醒了，商量晚上带水獭干儿子们去瓜地里摸秋。彩虹听说了，约好也叫上莎莎晚上在瓜地集合。

下午毛毛和晶晶到河边找到了水獭，讲了讲摸秋的老规矩。水獭说："听说过。你看，你们两位干爹还真想着我们渔民家的小孩子。还要带他们去玩。真不好意思。"

晶晶说："我们不是干爹吗？干爹就不是外人啦。您别见外。"

毛毛问："咱五个干儿子，都叫什么名字啊？"

水獭说："嗨，咱渔民哪懂起什么名字，就叫老大，老二，老三，老四和小贝贝。"

毛毛说：“我喜欢这些名字！好记。我赶明儿就叫老六！”

水獭把儿子都叫了来，告诉他们干爹要带他们去瓜地玩摸秋，嘱咐他们听干爹的话，不淘气。晚上十点以前必须回家睡觉，因为第二天还要去打鱼。晶晶和毛毛就带着五只小水獭到瓜地去了。

到了瓜地，天已经黑了。莎莎和彩虹也已经在那里等着呢。毛毛对小水獭说：“咱们把眼睛都蒙上，到地里去摸。如果你摸到一个瓜，你就把它咬下来，带回来。摸到了瓜就能结结实实，健康长寿。如果你摸到了一棵葱呢，你也把它拔起来，带回来。摸到了葱的孩子能聪明。如果你摸到了一棵油菜呢，你也把它拔起来，带回来。摸到了油菜的能发财。”

小水獭老大用

手遮着嘴小声对老三说："你要是摸着屎，你长大就能当大使。"老三抿着嘴笑得发抖。

小水獭老二问："干爹，什么叫发财？"

毛毛挠了挠头："这，我还真忘了问老科了。什么叫发财啊？"

莎莎他们也不知道。莎莎说："算了，别管油菜了，咱们就摸瓜和葱吧。"

小水獭都希望健康长寿，一会儿就都一人摸了一个瓜。他们也都希望聪明，所以也都拔了葱。虽然眼睛蒙着，他们的嗅觉都不错，摸到什么心里都明白。刚把瓜和葱搬回来，摘去了蒙眼，毛毛正在恭喜干儿子们又健康又聪明，忽然，大黄狗听见动静跑来了。五只小水獭吓得赶紧挤在一起。毛毛一惊，放了一个大臭屁。可惜风没往黄狗那边刮，全刮到小水獭这里来了。

水獭老二说："毒瓦斯来了。"老大说："爸爸说，不能在人面前放屁。"老三说："放屁不礼貌。"老四说："臭！"小贝贝说："爸爸救命。"

毛毛趁黄狗犹豫的机会，跑到他身后试着轻轻咬了他尾巴一下，然后赶紧跑到一个大瓜后面藏起来，看狗会不会撤退。狗叫起来。

彩虹一看，这会诈尸的家伙又要诈尸，赶紧溜到瓜秧下面藏了起来。莎莎一看小水獭没人保护，就跑到黄狗面前，挡住了他，使足了劲尖声说："要咬，你先咬我！"她的声音那么小，黄狗凑近了，把一只耳朵对着她，才听见后一半："咬我"。

彩虹一看莎莎这样勇敢，她也忘了害怕了，就从瓜秧下面游了出来，到了黄狗面前，突然竖起来，一对眼，一吐舌头，很恐怖地一起一伏地说："呜———呜———，死————死————！"

黄狗真是见鬼了，吓得魂也没有了。他夹着尾巴，肚皮贴着地，就退回去了，一直退着走了很远。这回连叫都没叫。

几个朋友把甜瓜吃了，就把小水獭安全送回了家。听着小水獭兴奋地给爸爸讲这晚上的历险记，他们四个就和水獭告别了。回家的路上，晶晶模仿水獭老大对毛毛说："爸爸说，不能在人面前放屁！"大家都笑。彩虹得意地一次又一次装鬼，"呜———呜———，死————死————！"

寒露

鸿雁来宾
雀入大水为蛤
菊有黄华

寒露

十月八号是寒露。天气最近真是好，夜里凉了好睡觉。白天空气里湿气少了，毛毛觉得自己像长了千里眼一样，看多远都清清楚楚的。河边芦苇开花了，天上大雁排着队往南飞。

天好，心情好。毛毛最近每天和莎莎玩弹球。两个弹球是毛毛的传家宝。他们玩的规矩是这样的：如果毛毛输了，他就给莎莎一只小田鼠；如果莎莎输了，她就给毛毛两个栗子。现在毛毛身边有四个栗子，可是莎莎已经赢了五只田鼠了。她一赢了田鼠，就马上吃掉。她胃口可真好。毛毛说："莎莎，你真能吃。"

莎莎认真地说："我得储存能量，准备冬眠啊。你不吃胖一点，冬天不冷吗？"

毛毛想了想："嗯，我长绒毛。长了绒毛，多冷我都不怕。我要是长太胖了，耗子洞我就钻不进去了。"他想出一个顺口溜，就一面伸出两只胳膊左右摇摆一面说：

"冬天大雪下，

北风呼呼刮，

长了细毛绒，

我多冷都不怕！

多冷都不怕，

多冷都不怕，

多冷，多冷，多冷，多冷，

多冷我都不怕！"

"那你不储存点食物，留着冬天吃吗？晶晶这两天就在挖地窖。还有田鼠，田鼠最近也拼命收粮食、花生、大豆、栗子、枣儿，白薯、萝卜、大葱、大蒜，什么都收，昨天我看见一只田鼠连蜂窝都给端回家去了。"

"我不。着什么急啊？冬天田鼠也出来，到时候它们吃胖了，我吃它们。走，咱们去看看晶晶挖地窖。"

晶晶在老科的树下挖一个很深很深的地窖。你站在旁边两米远的地方已经看不见他了。莎莎和毛毛走近了，问晶晶："嘿，晶晶，你挖这么深干吗呀？准备打井啊？"

晶晶头也不抬："我在挖地窖。今年准备多储存点兔子肉。"

毛毛说："你再往深挖，就该挖出宝贝来了。"

晶晶说："什么宝贝？"

莎莎说："从前有一个狐狸就挖出来一只黑兔。最好吃最有营养的黑兔。听说过吗？"

毛毛凑近了莎莎的耳朵，小声说："大概是他自己头一年埋的白兔肉，忘了吃，埋的时间太长了，结果变黑了。"

晶晶没听见，他说："好啊！我也希望找到黑兔。"正说着，晶晶旁边的坑壁塌了，露出来一个洞。晶晶把头伸进去看了看，黑漆漆的，什么也看不见。他抬头叫毛毛："毛毛，你下来看看，我挖出地下宫殿来了。"

毛毛下到坑里，站在洞口，闻了闻："是我们家亲戚味儿，我进去看看。"

晶晶说："你别进去了，没准里面有妖怪。"话还没

说完，毛毛已经进去了。

莎莎在坑上面看着着急："让他小心！也不知道是谁的家！万一有危险呢。"

过了一分钟，毛毛没出来，来了一个大家伙，白脸，脸上有两个黑道儿，好像挺厉害。晶晶从来没见过他，吓得紧贴在坑壁上，不知说什么好："您好，对不起，对不起，我挖地窖，跟您家地道挖通了。不知道您家在这儿。"

黑白脸的大家伙说："你要什么？"

晶晶说："不要什么，对不起。打扰您了。"

"那我就把这儿堵上了。"

晶晶怕他把毛毛堵在里面吃掉："您先别堵，先别堵。咱们那个头一次见面，可以聊聊吗？交个朋友？我是狐狸晶晶。我上面还有一个朋友刺猬莎莎。"

黑白脸不喜欢随便跟陌生人说话："聊什么？我是大獾。你想聊什么？"

晶晶也实在想不出来聊什么，可是毛毛不回来，他不能让大獾把洞给堵起来啊。他就说："呃，那个，您见过黑兔子吗？我在找黑兔子。"

大獾皱起眉头："黑兔子？没见过。你把我家当兔子窝了？兔子耳朵是长的。你是狐狸你不会不知道。"

"哦。是是，您当然不是兔子。您秋天是不是也挖地窖，储存吃的东西啊？"

大獾还是皱着眉头："我这儿就是地下！还挖什么地窖？我冬眠。不储存。"

"哦，您冬眠，冬眠好，刺猬莎莎也冬眠，我冬天没事儿也喜欢睡觉。"

大獾瞪着晶晶："你聊完了没有？我还有事儿。你要是没什么重要的事儿，我就把这儿堵上了。"

"别！"晶晶急了，"别，别，别，"他没词儿了。

毛毛进了大獾的洞，眼睛适应了一下这里的光线，就顺着往里跑。他看到好几间大屋子，是睡觉的地方，都铺着软软的香草。有好几条地道，绕来绕去，像迷宫一样。不知怎么跑呀跑呀，看见一个洞口，就出来了。出来一看，哦，怎么跑到迎春花这边来了。他赶紧回到晶晶的地窖边，站在莎莎旁边，看晶晶正在很勉强地和大獾聊天。

他问莎莎："他干吗不让大獾把洞堵住啊？"

莎莎说："我也不知道。也许我不应该讲黑兔子的事儿吧？大概他还想找黑兔子？"

晶晶不知道说什么，急得直流汗，听见莎莎在和谁说话，抬头一看，他那么担心的毛毛正站在上面看热闹！见大獾还在瞪着他，他赶紧说："别————耽误时间了，您赶紧把这儿堵上吧。咱们以后有机会再聊。"他自己赶

紧找了个斜坡就跳上去了。他把脑门顶在毛毛脑门上："小毛虫！你把我急出一身汗来！我以为你还在那妖怪洞里呢。我真想咬你一口。"

毛毛轻松地说："你饿了吧？挖洞可是力气活儿。我也是，一挖就饿。"

霜降

豺乃祭兽
草木黄落
蛰虫咸俯

霜降

十月二十三日，霜降。莎莎早上起来，看见草上有霜。霜像晶莹的植物，也是一点一点长出来的。有的直着长，有的弯着长。一不小心往上哈一口热气，就化没了。

莎莎跟毛毛说："我每年冬天都冬眠，没见过雪花。雪花也这么好看吗？"

毛毛凑近了看了看："雪花是独立的花儿，一朵一朵的，不像这样跟长草似的。等下雪了，我给你画吧。我给你画一个雪花的贺年片。你春天起来看。"

莎莎的鼻子冻得有点红："霜降了，我脚冷。我该冬眠了，今天我的计划就是找一大堆落叶，放在一个背风的地方，做一个冬眠的地方。你说我在哪儿好呢？"

毛毛说："你别那么着急冬眠！我还得跟你玩呢。今天霜降，走咱们叫上晶晶，一块儿去问老科该怎么玩！"

晶晶不在家，大概出去抓兔子去了。他挖了那么大一个地窖，得抓多少兔子才能装满啊？他没在，彩虹倒在晶晶家睡觉。她枕着一块兔皮褥子，盖着一张兔皮被子。莎莎一看，哦，这家伙已经找到冬眠的地方了。她可好！把晶晶最舒服的床给占上了。推推她，已经睡着了。明年见啦。连个招呼也没打！

老科正在地上捡树枝，修他的窝。莎莎说："老科您早！您能告诉我们，霜降玩什么吗？"老科在一块石头上

磨了磨他的尖嘴："霜降，嗯，登山看红叶，看菊花，吃柿子。不过我们喜鹊要吃柿子得等冬天，等柿子软了再吃。"见莎莎皱着眉头看他磨嘴，他有点不好意思，"我先把嘴磨尖了，准备啄柿子。"

毛毛说："不行，咱们还是得找晶晶，光咱俩去登山不热闹。"不知晶晶跑出多远去抓兔子，毛毛问老科："麻烦您，老科，能飞上去看看晶晶在哪儿吗？"

老科说："没问题。等我先把这根树枝叼到我窝里，完事我就帮你找他。"说着他叼着树枝就飞树上去了。放下了树枝，老科拍拍翅膀就飞高了，他先在杨树上方飞了一个圈，四处张望，大概是看见了晶晶，就朝麦田东边飞去。不一会儿，老科先飞回来了，落在树上，然后晶晶也跑回来了，叼着一只小兔子。

毛毛说："晶晶，快把兔子放地窖里，咱们去爬山看红叶吧。莎莎快要冬眠了，这可能是今年她最后一次跟咱们玩了。彩虹已经在你床上睡着了。"

晶晶说："我知道！她说要找冬眠的好地方，我说就在我这儿睡吧。她倒不客气，要了我的兔皮被，躺下就睡。

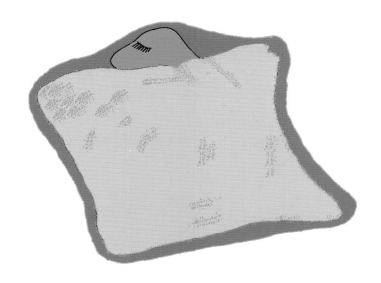

我还得另外铺床。"

　　三个朋友爬上了小山。一路上毛毛和晶晶耍了好几回赖，一会儿说太累了，一会儿说最讨厌爬山，爬山不是狐狸和黄鼠狼的特长。他们几分钟就躺倒休息一次。倒是莎莎慢悠悠地开动她的小腿，最先到达山顶。自从春分祭日，他们还没到这上面来过。现在的风景和春分大不一样。树叶有绿有黄有红。山坡上的野菊花多半是黄的，少数是深红的，一片一片的，像无数小星星。莎莎说："咱们的家乡真漂亮。我冬眠肯定会梦到这个地方。"

毛毛模仿她的认真表情："咱们家乡田鼠真多，我一躺下就满眼都是田鼠。"

　　半山坡上几颗柿子树上柿子都熟了，毛毛爬上去摘了三个扔下来。晶晶捡起一个，咬了一口："呸！涩的。"

莎莎捏了捏："毛毛，你挑软一点的摘。"毛毛在树上挑了挑，又扔下来三个。

晶晶这回不敢咬了："莎莎，你'堂堂'。我'特头'都不好'死'了。"

莎莎尝了尝："这回甜。毛毛你下来吧。咱们吃柿子喽！"

吃饱了甜甜的柿子，毛毛擦擦嘴："晶晶，咱俩帮莎莎挖一个窑洞吧，找向阳背风的地方，离咱俩家别太远。

这样她冬眠安全。"

晶晶说，"没问题，一会儿下山就挖。我挖洞很专业，跟穿山甲一样。"

下了山，他们在毛毛家和晶晶家之间的地方找了一个一半被四季青的黄杨遮挡的地方，给莎莎挖了一个洞，里面絮满了最细最软的干草和树叶。莎莎进去看了看，又出来看了看，"真好！我有家了！我大概是第一个有洞的刺猬。"毛毛说，"赶明儿有时间我给你做一个牌子，上面写上'刺猬莎莎之家'。"

莎莎趁天还没黑，赶紧去捡了一些栗子和干枣儿，准备冬天万一醒了能马上找到东西吃。她用干草把洞口几乎堵死了，从中间伸出一个小鼻子两只小眼睛来，"晶晶，毛毛，谢谢你们帮忙！明年惊蛰见！"然后，就不见了。

立冬

水始冰
地始冻
雉入大水为蜃

立冬

冬天来了。十一月七日，毛毛路过小池塘，发现水面冻了一层薄冰。他本来是着急去逮一只田鼠作早饭，一看见冰，又忘了肚子饿，跑回到大杨树去看老科。"老科，冬天到了哎，池塘都冻冰了！"

老科抖了抖羽毛："是啊，今天立冬。你们家有老爷爷老奶奶自己过的吗？立冬日应该去慰问孤儿和老人。"

毛毛说："我没有爷爷奶奶，我就是孤儿。晶晶家没准有，不过他好像也是孤儿。怎么慰问啊？我们可以慰问自己吗？"

"慰问就是给他送点吃的，问问他过得好不好，有没有什么需要你帮忙的地方。"

毛毛心想，没意思，跟老头儿老太太玩没意思。他想起自己还没吃早饭，得赶紧去抓田鼠去："老科，回头见！"

毛毛发现天冷的好处是可以敞开了跑，还不觉得热，

也不会发懒犯困。他觉得很兴奋，好像上了发条。田鼠抓得干净利索，吃得也很快。毛毛又像一阵风一样刮进了晶晶的家。头上冒热汽，毛儿乱七八糟。

晶晶正在镜子前面整理自己的胡须："早！你早上不洗脸吗？一眼黏黏糊糊的眼屎。"

毛毛说："是吗？咱们男孩那么讲究干什么？！我都出去一趟，吃

完早饭了。今天立冬，老科说咱们得去慰问老人儿。我觉得挺没意思的。不过立冬嘛，该干嘛就干嘛吧。你家有老狐狸吗？"

"嗯，麦地东边有一个老狐狸，原来我爸在的时候，我们去看过他。我那时候小，不知道他是不是我家的老人儿。"

"那咱们就带上吃的，去慰问他吧。我家在老村拆迁的时候都走散了，不知道老黄鼠狼都藏哪儿去了。"

到了麦地东边，老狐狸家外面，晶晶说："进去先叫爷爷。然后我帮他收拾屋子，做饭吃。你就陪他说话吧。"

他俩进了门，老狐狸在草垫子上坐着。他真老，眉毛把眼睛都盖上了；大尾巴也几乎秃了。晶晶和毛毛都说"爷爷好。"

晶晶说："今天立冬。我们来看您来啦。我先给您收拾收拾屋子，有什么要修理的，你告诉我，我去做。完事儿我给您做一锅田鼠粥。这位是我的朋友黄鼠狼毛毛。他来陪您聊天。"

老狐狸对晶晶说："哦，大憨和丽丽的儿子，是吧？我认得你。"

毛毛嘟着嘴，不说话。老狐狸看看他，自己嘟囔："嘿，哪家的狐狸生这么个哑巴耗子。"

"我是黄鼠狼！"

"上茅房啊？茅房出门往西。快去，别拉屋里。"

"我不是上茅房，我是黄鼠狼！"毛毛大声说。

"哦，你着了凉啊？怪不得声儿这么小呢。着凉了我这儿有药。风寒吃狗屎，风热喝屎汤儿。你是风寒呢，还是风热呢？"

毛毛正要急，发现老狐狸对着晶晶在偷偷笑。哦，敢情他在逗我玩！这老狐狸！毛毛也笑了："狗屎汤儿，什么药方儿？狗屎有细菌。吃了就头晕！"

老狐狸一看毛毛笑了，他也笑眯眯地接着说："就头晕，没关系。吃点萝卜，放放屁。"

毛毛一看，嗬！这老爷子会接龙。就说："放放屁，熏田鼠。抓回家，用锅煮。"

老狐狸马上接着说："用锅煮，别着急。着急煮不烂田鼠皮。"

毛毛说："田鼠皮，有花纹。赶明儿好事儿都上门。"

"都上门，进不来。晶晶修的门，打不开！"说完老狐狸哈哈大笑，"你这个小毛虫还挺厉害。来，过来，我教你下五子棋。"

老狐狸教毛毛下五子棋。下了十盘以后，毛毛赢了一回。吃完田鼠粥以后老狐狸又给他们讲一个老黄鼠狼成精的故事。这个黄鼠狼他原来认得。

毛毛问："那是我爷爷吗？"老狐狸点点头："你有点儿那个聪明劲儿。你好好活着，长大你也成精。"毛毛点点头。就这样，他立冬交了个老朋友，还长了不少知识。

小雪

虹藏不见
天气上升
闭塞而成冬

小雪

十一月二十二日，早上起来地上有一层小雪。大地一片白。太阳出来，雪就开始化。毛毛对喜鹊老科说："早！今天小雪，我知道！可是不知道小雪有什么好玩的事儿。"

老科想了想："好像还真没什么。古书上就说彩虹藏起来了。"

毛毛说："我知道。她在晶晶家冬眠呢，不是小雪才藏起来的。"

老科把头歪过来掉过去想了半天："咱俩好像又说岔了。你说的是那条特别矫情的小蛇吧？古书上说的不是她。"

毛毛说："哦。古书上说的是天上的彩虹？不下雨，天上的彩虹当然就没啦，也不是小雪才藏起来啊！看来古人也挺糊涂：都什么时候啦，刚想起来找彩虹！"

毛毛去找晶晶。晶晶又不在，大概又逮兔子去了。毛毛觉得晶晶储藏的兔子已经够一个军队吃的了，可晶晶已

经变成逮兔子的机器了。毛毛决定到河边去看看下雪以后的河边有什么新鲜事儿。河上冻了一层冰，可是河边没冻上。大水獭在给小水獭身上涂油。毛毛问："涂油干什么啊？"

水獭说："防冻油。我们冬天下水就得涂防冻油。不然待不长时间就该冷了。"

小水獭老大小声跟老三说："毒瓦斯干爹来了。"小水獭都嘻嘻笑。

毛毛问："你们冬天储藏食物吗？"

水獭说："我们在河岸下面有一个水窖，我们圈了一些活鱼，准备冬天鱼少的时候吃。还在水底下储存了一些绿树枝，当蔬菜吃。"

毛毛说："我没储藏过。你说我储藏什么好呢？"

大水獭说："等一会儿我让他们给你抓些小鱼。你就把它扎在树枝上晒干了就行，一冬天坏不了。"

毛毛想起去年冬天晶晶家里墙上就挂着一些黄鱼干儿，这个主意不错。小水獭们一会儿就给他抓了一堆小黄鱼。数了数，一共二十条。毛毛把二十条鱼一条一条都扎在一棵带刺儿的小灌木上。欣赏了一会儿，决定明天回来看晒干了没有。

第二天大部分地方雪都化了，只有阴凉的地方还有少量雪。毛毛想，小鱼肯定要多晒一会儿才好，就等下午才到河边去看。他沿着河边跑了半天，可是怎么也找不到那棵灌木了。后来还是靠他的鼻子，找到了那棵树，鱼都不见了。得！让别人拿走了。谁呢？毛毛在树旁边转了好几圈，

仔细看有谁的脚印。狐狸、野猫和狗的脚印都是四个脚趾，
水獭和大獾的有五个脚趾。可地上除了毛毛自己昨天的脚
印，这些脚印都没有。只有，只有几个像小树杈似的道道。
这是脚印吗？毛毛想，这看着还挺眼熟呢，在哪儿见过呢？
哦。忽然想起来大杨树下面见过这种脚印：是喜鹊老科的脚印！

　　啊。老科把鱼干叼走了！鱼干没了有点可惜。不过毛毛觉得辨认脚印，当侦探很有意思。他挺起胸：哼！我是大侦探毛毛。他决定晚上到老科的树上去找找，看鱼干藏在哪里。为什么等晚上呢？因为老科夜里是肯定睡觉的。侦探就不一样啦，有时工作需要，夜里就不睡觉。

　　夜里毛毛悄悄爬到大杨树上，刚爬到一半，就闻到一

股浓浓的鱼腥味。毛毛心想，哈！这家伙藏得太马虎了，这不一下子就找到了。鱼干藏在大树洞里。数了数，就是毛毛的二十条。毛毛想给都拿回家去，开始往树下扔。后来又觉得应该给老科留一些。食物少，人家冬天也得吃。这样他就扔了十条，留了十条给老科。从树上下来，他又觉得自己冬天还能抓田鼠吃，老科冬天没多少虫子可以抓的，应该给老科多留几条鱼。他又叼起鱼往树上爬。折腾了一个小时，又把鱼干全还给老科了。

　　回到自己家门口，毛毛觉得自己满身鱼腥味儿，实在不像个侦探。就在门口的沙土地上打了好几个滚，滚了一身土，然后使劲一抖，抖出一大团尘烟，把身子干洗了。他闻了闻，好，鱼腥味没了，可以回家睡觉了。

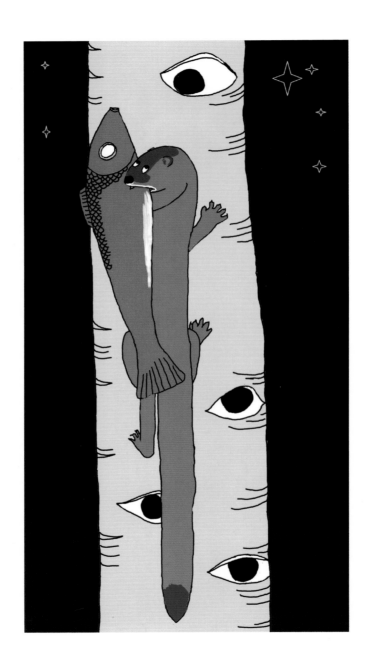

大雪

鹖鴠不鳴
虎始交
荔挺出

大雪

下大雪了。先下了一场不太大的，还没化，就又下了一场大的。毛毛清早出门得先把雪挖开，不然根本出不来。整个大地都白了，很难认出哪儿是哪儿。很多味道也被雪盖住了。毛毛抬起头在寒冷的空气里闻了闻，什么动物的

气味都没有啦！这个世界很陌生。只有老科的杨树还在前面不远处高高地立着。老科也在清扫他窝上的积雪。

"早啊，老科！下大雪了哈。"

老科抖了抖身上的雪花："十二月七日是大雪节气。正好赶上了。"

毛毛问："大雪节气玩什么呢？"

老科说："堆雪人啊！大雪节气正好堆雪人。要是没下雪，你还没法玩呢。"然后他给毛毛讲了讲雪人是怎么堆的。

毛毛去找晶晶。他知道晶晶家离他家不远，可现在雪把一切都盖住了，他看不见晶晶的家门在哪儿。没办法，只好一路挖过去吧。挖了一会儿，他找到了刺猬莎莎的洞口。嗯，莎莎的洞在他和晶晶中间。他用步子量了量，那么晶晶的家应该在这儿！毛毛一挖，真把晶晶家挖出来了。"晶晶！起床啦！大雪节气，咱们得去堆雪人。"

堆雪人的第一步是滚一大一小两个雪球。大的当身子，小的当脑袋。他们决定晶晶滚大雪球，毛毛滚小雪球。他们从离家门口不远的地方开始滚。发现向前滚很轻松，往

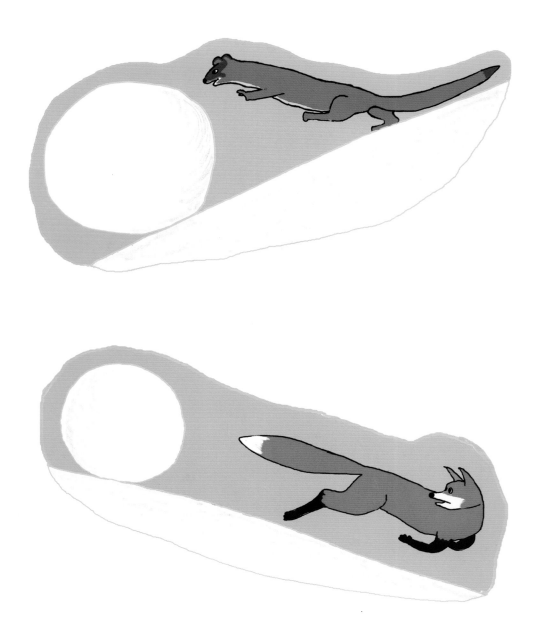

回滚是不可能的。因为他们是在坡地上。毛毛使劲一推，他手下的小雪球就自己滚起来，越滚越快，越滚越大。很快就比晶晶手下的大雪球还要大了。

晶晶说："这不行。你做的脑袋太大了，咱俩都抬不动。没法放到身子上面去。你重新开始滚一个小的吧。"

过了一会儿，晶晶的雪球也跑了，也长得太大了，他踮着脚也摸不着上面。没法要了，重新开始吧。就这样，他们滚了一个又一个大雪球，最后两个大小合适的雪球终于滚成了，也都停了下来。

毛毛说："这儿好，这儿平，没有坡。咱们在这儿把脑袋放上吧。"他们就把雪人脑袋安上了，还给雪人堆了条大尾巴。周围都是雪，没有能做雪人眼睛、鼻子和嘴巴的东西。毛毛说："咱们把这里的雪清一清，下面肯定能找到点什么树枝呀、松果呀、什么的。"

晶晶说："那不一定。这儿没有松树，哪儿能有松果？"毛毛不再说什么，开始清扫脚下的积雪。扫啊，扫啊，咦，这底下怎么跟镜面一样是一大块冰啊？毛毛很兴奋："嘿，咱们在河面上呢！"

晶晶说："啊？糟了，我就怕冰。咱们怎么会跑到河上来了呢？"

他俩往来的路上看，只见一片白茫茫的雪地上散落着几个巨大的雪球：这就是他们来的路。好远好远呦！原来从他们家到河边整个是一个大斜坡。怪不得雪球停不下来呢。

晶晶抱住毛毛："我回不去了。我不能在冰上走。咱们会沉下去的。掉冰窟窿里，然后就再也出不来了。然后就淹死了，冻死了。"想了想："先冻死。然后再淹死。"

毛毛说："你不能先冻死，然后再死一遍。就死一次：或者是冻死，或者是淹死。你再不放开我，我就让你勒死了。这儿冰厚着呢，没事儿。你要是害怕，你闭上眼，我拉你回去。"晶晶就闭上眼，拉着毛毛的尾巴，肚皮贴着地，一步一步往前挪。走了半天，终于走出了河面。

开始上坡了，毛毛说："咱们在河岸上了。睁开眼吧。没危险了。"晶晶睁开眼一看，前面是他们滚雪球下来的痕迹；后面是他俩走上来的脚印。旁边是一些河边的小灌木和芦苇。他松了一口气。毛毛跑到芦苇丛中，摘了几个

蒲棒（pú bàng），"咱们的雪人不能没有眼睛鼻子。你在这儿等着，别动。我去把眼睛鼻子安上，马上就回来。"

"雪人"头有点像毛毛，尾巴像晶晶。它坐在河面冰上，对着坡上老科的大杨树。四处一片白，可是雪人有眼睛了，它看见雪地上一只狐狸和一只黄鼠狼，一大一小，正在往坡上走去。他俩有说有笑。狐狸跑得平稳轻松；黄鼠狼是一起一伏的，还经常停下来四处张望。雪人觉得很有意思。它很高兴毛毛给了它眼睛。

冬至

蚯蚓结

麋角解

水泉动

十二月二十二日冬至。毛毛起床就去他自己做的日历上撕掉一页。新的一页上写着"冬至，一年里白天最短的一天。"他在家门口没看见喜鹊老科在树上，就爬到树上去找老科。老科还在窝里睡觉。"老科，您早！今天冬至了。我们应该干什么呢？"

老科抖了抖羽毛："真的啊！冬至了。嗯。冬至大如年。就是说过冬至跟过年一样重要。"

"那怎么过呢？"

老科说："应该回家去看父母。祭天，祭祖，大吃一顿。"

毛毛撇了撇嘴："没有父母。人少祭天祭祖没意思。大吃一顿也只有我跟晶晶俩，能吃什么呢？还有什么好玩的没有？"

老科想了想："哦，对了。冬至要画九九消寒图。这是你喜欢干的事儿。"

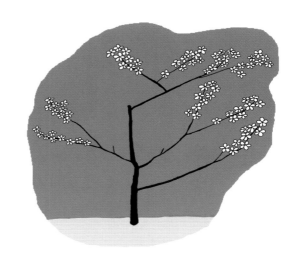

弄清了九九消寒图是怎么画的，毛毛就去找晶晶。晶晶说，既然他俩都没有父母，老狐狸也没有儿女住在一起，他俩应该去看老狐狸。跟老狐狸一起大吃一顿，庆祝冬至。毛毛觉得这个主意不错，他想去和老狐狸下五子棋，看这回能不能赢他。他们决定晶晶先出去抓一只兔子，好带到老狐狸家去煮。毛毛就在家画一幅九九消寒图，也好带去送给老狐狸。

毛毛用黑笔勾了一棵梅花树，上面有九根树枝，每个树枝上九朵梅花，一共九九八十一朵梅花。从冬至开始，每天要用红笔给一朵梅花染上颜色。这就叫"数九"。等八十一天过完，满树的梅花都"开"了，春天也就来了。毛毛想，发明这个消寒图的一定是一只成了精的黄鼠狼。太聪明了！冬天外面冷，正好在家待着画画。画什么呢？

就画春天。多好的主意！

　　消寒图画完了，晶晶也叼着一只兔子回来了。他俩就穿过麦地往老狐狸家走。到了门口，敲门，没人答应。推门进去，老狐狸趴在床上，眉毛长长的，尾巴秃秃的。他一动不动。晶晶说："爷爷，我们来跟您过冬至来啦。"老狐狸还是不动。毛毛走近了，他闻了闻，气味不好。一只蚂蚁从老狐狸眼角爬出来。毛毛的毛发都竖了起来，他小声对晶晶说："爷爷，死了。"晶晶低下头。

　　他俩觉得老狐狸洞里瘆（shèn）得慌，就轻手轻脚走

了出来，站在洞外，还是小声说话，好像怕把爷爷惊醒。
晶晶说："天这么冷，地都冻了好深，没法挖坑埋，咱们
把洞封上吧。"毛毛想说话，觉得嗓子胀得说不出，就点
点头。他俩就划拉了掺着雪的浮土，把洞口堵上了。晶晶
从旁边滚过来一块大鹅卵石，放在洞口前面。毛毛用红笔
在上面写了"老狐狸爷爷之墓"。写完了他俩就大哭了一场，
哭完了觉得好受点儿，就准备回家。

这时四周原野上来了十好几只狐狸，他们嘴里都叼了

柴禾。他们把柴禾放在老狐狸洞口前，堆成了一个堆。他们对晶晶点点头："谁家的？"

晶晶说："我是大憨和丽丽的儿子，晶晶。这是毛毛，我朋友。"

一只领袖模样的狐狸说："老狐狸成仙了。我们得点个篝火，送他上天。"他们当中有带着火儿的，就点着了树枝。篝火着了，很暖和。狐狸们围着篝火跳了舞。他们还讲了很多老狐狸的故事。毛毛很羡慕狐狸大家族有这么多人来送老狐狸上天。毛毛把兔子埋在木炭里烤了，分给大家吃。他们没把他当外人，他自己也没把自己当外人。他自己没有爷爷，老狐狸就算他的爷爷吧。不算爷爷，也是他朋友。他给大家看了九九消寒图，大家都说他画得好，也都盼着梅花盛开那天。

小寒

雁北乡
鹊始巢
雉始鸲

一月六日，小寒。天非常非常冷。

毛毛从早上出门就开始追这只很肥的田鼠，到了中午也还没追上。要是平日，这只肥胖笨拙的田鼠，根本不是毛毛的对手，三步五步就追上了，然后一口咬掉他的头，咔嚓。可是前两天下了大雪，然后白天化了一点儿，晚上又冻成一层很滑的硬壳。滑还不说，这层壳有的地方又很薄，踩在上面会忽然一脚漏下去。这样一脚深，一脚浅，毛毛就跑不快了。田鼠呢，他四条小短腿快快跑，好像还挺适应这种地形。有几回毛毛差点把田鼠跟丢了：哪儿去了？啊，原来他跑冰壳下面去了。

太阳偏西了，毛毛终于接近了那只田鼠，就差一步就可以咬到他的脖子了！后腿忽然又踩漏了冰，下去了。下面不是软软的雪，而是什么尖锐的有力的牙齿，突然咬住了毛毛的腿。噢！毛毛不能动了。田鼠跑远了。毛毛觉得

很饿。

　　他努力把冰雪扒开，发现自己的右腿被一个大老鼠夹子夹住了。这个大概是猎人专门用来捕捉黄鼠狼和兔子的夹子，力量很大，上面有齿儿。他根本没法挣脱。糟了！毛毛这才注意到天有多冷。而且他光顾追田鼠了，根本没看自己跑到哪里来了。太阳要落山了，他完全不认识这个地方。刚被夹住，他没觉得疼，过了一会儿，天黑了以后，

他开始疼。他想：骨头大概断了，我大概应该把腿咬断，好活着回家去。然后他就失去了知觉。

半夜毛毛醒了。他立刻注意到身边有一只田鼠。田鼠的气味他是不会弄错的。田鼠怎么敢离他这么近呢？大概田鼠以为他死了，是来吃他的吧？毛毛决定装死，等他再走近些。田鼠绕着毛毛转了两圈，毛毛不动，眯着眼睛偷偷看。

等了半天，毛毛想，你再不来，我真要死了。就在这时，田鼠终于鼓足了勇气，过来了。毛毛一爪子拍过去，把田鼠拉到嘴边，几口就把这只田鼠吃了。

吃完了田鼠，虽然腿还疼得不得了，毛毛总算有了一点力气。天又开始下雪。毛毛想：坏了，不下雪，晶晶还有可能顺着我的脚印来救我。下了雪，脚印都盖住了，他就找不到我了。也许这回真要死了。一个个雪花落在他爪子上。毛毛看着雪花，很美丽的六角星，而且每个都不一样。怎么设计出来的？！他答应给莎莎画雪花的贺年卡。他还想学会二十种花的名字，好见花神呢。他还想像鸟一样飞，去看世界。有那么多事情还没有做啊……毛毛觉得很累，就又昏睡过去。

小寒下午，晶晶从地窖里取出一只兔子，去找毛毛来一起吃，发现毛毛没在家，他就自己把兔子吃了，准备毛毛回来再去拿一只兔子。等到天快黑了，毛毛还没回来，晶晶就去寻找毛毛的踪迹。脚印

一直往坡下东南方向去了，只有去的，没有回来的。到了河边芦苇丛一带，脚印乱了，然后就找不到了。晶晶想，坏了！准掉冰窟窿里了。他想回来找老科帮忙，可是天黑了，老科已经睡了。晶晶站在家门外大叫"毛毛，你在哪儿？"可是除了呼呼的西北风，原野上没有回音。

一月七日，小寒第二天。天还是非常非常冷。太阳出来了。晶晶一夜没睡好。强烈的阳光被雪地反射着晃得他头晕。他到大杨树下来叫老科："老科！不好啦！毛毛丢了。可能掉冰窟窿里了！"

老科说："不可能掉冰窟窿里。现在是小寒，一年最冷的季节，冰冻得结实极了。不要说毛毛，一只大狗熊在冰上走，都漏不下去。他大概是追田鼠走丢了。有脚印吗？"

晶晶刚要说"有"，四处一看，坏了！夜里下雪了，脚印都没了，连气味都消失了。他指着东南方向说："昨天还有脚印，大概是这个方向。"想了想，他又不肯定了，指着西南方向，"大概是这个方向。"

老科撇着嘴点头："啊哈，你们啊，一下雪就找不着北了吧。你昨天跟踪到哪儿？有什么标志吗？"老科视力很好，他在空中能看见一公里以外的小老鼠。可是他也希望能缩小寻找的范围，尽快找到毛毛。

晶晶想了想："我跟踪到一个地方，有芦苇！对，有芦苇，所以我觉得他可能下河了。到芦苇那儿脚印就没了。"

老科说："嗯，我先去芦苇那附近看看吧，希望他没被雪埋住。"

就在这时，太阳爷爷使劲照着毛毛，把他身上落的雪都晒化了，又给他格外多一些热量："毛毛！醒醒！毛毛！你的朋友找你呢！快叫他们，使劲喊！把你的尾巴摇起

来！”

毛毛醒了。他梦中听见太阳爷爷跟他说的话。他使出全身的力气，一边摇尾巴，一边大叫：“晶晶！晶晶！来救我！我在这儿呢！”喊完，就又晕过去了。

晶晶站在杨树下，正在犹豫自己该往哪边去，忽然隐约听见毛毛的叫声。他把耳朵竖起来，对准声音传来的方向，然后就向一支箭一样跑起来。他一边跑一边大叫：“毛毛，我来了！”“老科，在这个方向！”

晶晶跑到河边，老科这时已经在河对岸很远的地方看到了毛毛。他落到毛毛身边，看了看老鼠夹子的情况，跟

没有知觉的毛毛小声说:"小毛虫!晶晶一会儿就来救你。"老科飞到晶晶身边,告诉他毛毛被夹子打了,他需要捡个大树枝当撬杠,把夹子撬开。晶晶立刻在河边雪地里又刨又拱,找到一根又湿又重的大树枝。他嘴里叼着这根树枝的一头,就下了冰。晶晶把树枝放在前面,用前爪推着走。冰下河水啪打冰面的声音从远处传来。晶晶听着觉得冰面马上就要裂开了,把他漏下去。他腿抖着,不停地叫着"毛毛!我来了。毛毛!我来了!"给自己壮胆。

等晶晶赶到毛毛身旁,老科已经研究好了怎么把老鼠夹撬开,他捡了石头,做一个支点,告诉晶晶撬杠从哪里插进去,怎么撬。他俩三下两下就把毛毛从夹子里弄了出来。

晶晶叼起毛毛就要往家跑，老科说："放下，还是我来吧。我快。我先把他放你家。你回去就煮汤给他吃吧。"

老科用爪子抓住毛毛脖子后面的皮，就吃力地飞起来了。好在毛毛一天半只吃了一只小田鼠，不算太重。老科说："小毛虫，看，你也飞了。看下面！看见晶晶了吗？"

毛毛醒了过来。他在空中飞！下面是大雪覆盖的原野，冰河，芦苇丛，麦地，大地太美了！特别是还有一只在雪地上飞跑的红毛狐狸！毛毛知道，是老科和晶晶救了他。

大寒

水泽腹坚　征鸟厉疾　鸡始乳

大寒

一月二十，节气是大寒，晶晶听老科说的。老科还说春节也快到了，这个节气大家都要打扫屋子，准备过年的吃喝，准备到亲戚朋友家拜年。他回家来把这些告诉了毛毛。毛毛自从被老科和晶晶救回来，就一直在晶晶家养伤。晶晶每天给他做兔子肉吃，他慢慢恢复了力气，三条腿也能下地了。他决定今天回到自己家去，给莎莎画一个雪花的贺年卡。还有他画的九九消寒图，有好长时间没有填红颜色了，他得补上。

毛毛回家一看，我家怎么这么乱啊？墙上怎么这么多蜘蛛网啊？原来他最近在晶晶家住惯了，晶晶家是非常干净整齐的。两个家一比，反差太大。毛毛的桌子上有一大堆纸、本儿、笔、颜料、铅笔盒、胶条、图钉、曲别针、毛线、麻绳、棉花、铜丝、小盒儿、小瓶儿、松果、核桃、小葫芦、还有别的埋起来了，看不见的东西。整个儿一个垃圾堆。他不知道九九消寒图放哪儿了。他做了半天"考古发掘"，也没找到。倒在床上眯着眼睛使劲想，嗨！敢情贴墙上了，让蜘蛛网盖上了一半。怪不得在桌上没找到呢！

又花了半天工夫找红笔。找到了一看，上回忘了盖盖儿了，里面的红水儿都干了。还得挤颜料，加水，用毛笔调。从小寒到大寒是十四天，他给十四朵梅花填了红颜色。一边填颜色，一边想，给莎莎做贺年片，怎么做呢？没有银色的笔，雪花不能用白笔在白纸上画。毛毛想起来有一种蜡染技术，先用白蜡在纸上画，完了再往纸上刷颜色。有蜡的地方颜色粘不上。对，就用这个方法试试！

毛毛又开始"考古发掘"，这回找的是白蜡烛。可是他把桌上的东西全都移到地上，也没找到蜡烛。现在他桌子上倒是有画画的地方了，可地上没地儿站了。毛毛决定去问问晶晶有没有蜡烛。

晶晶正在床上坐着揉兔皮。毛毛进来一看："哈，你这儿真干净。你有白蜡烛吗？"晶晶说："我应该有，等着，我给你找。"说着他掀开墙上挂的一条大兔皮毯子，露出墙上凿的很多方洞，每一个洞里都整整齐齐地摆着不同种类的东西。晶晶说："蜡烛，蜡烛，蜡烛。找到了。"

毛毛说："奇怪，我在家也说了好多遍'蜡烛'，就没找到。你怎么说了三遍就找到了？谢谢！"

他回家画了一张雪花给莎莎。白白的雪花在深蓝的背景上很漂亮。毛毛觉得这种'蜡染'的画法跟魔术一样神奇，一高兴，就又画了一张。送给谁呢？他决定拜年的时候拿去送给水獭一家。画完了他又觉得晶晶家需要挂一张红色的画，好有点过年的气氛。他就又画了一张'蜡染'的雪花，这回是红色背景。等墨一干，毛毛就赶紧跑到晶晶家："看！我送给你的年画！"

晶晶很喜欢年画。他找出一瓶糨糊，和毛毛一起把年画贴在墙上，回到床上去欣赏。毛毛认真地说："我发现你有一个优点。"

晶晶期待地看着他，以为他会说，"你很勇敢"，或是"你真聪明"。

可是毛毛说："你能找到东西！"

晶晶低下头："嗨，那算什么。我自己放的，当然能找到。"

毛毛说："我也想收拾一下我的屋子，可是一个人收拾太没意思了。你能来帮我一块儿干吗？"

晶晶说："当然啦！两个人打扫房间比一个人干好玩多了！"

他俩就一起收拾毛毛的家，把蜘蛛网都扫了。把乱七八糟的东西都分门别类找盒子放起来。

晶晶说："毛毛，你教我那个数九歌吧。"

毛毛想了想，就说：

"一九二九不出手，

毛毛被夹子咬一口。

不是老科晶晶来相救，

毛毛的命就没有。

三九四九冰上走，

吃完兔肉喝老酒。

收拾屋子挂年画，

新年快乐好朋友！"

图书在版编目（CIP）数据

黄鼠狼毛毛的二十四个节气·秋冬篇/杨炽著. ——
济南：山东人民出版社，2017.6（2019.10重印）
ISBN 978-7-209-10486-9

Ⅰ．①黄… Ⅱ．①杨… Ⅲ．①二十四节气－儿童
读物 Ⅳ．①P462-49

中国版本图书馆CIP数据核字(2017)第048991号

本书简体字版由中华书局（香港）有限公司授权出版发行
山东省版权局著作权合同登记号　图字：15-2016-288

黄鼠狼毛毛的二十四个节气·秋冬篇

杨炽 著

主管单位　山东出版传媒股份有限公司
出版发行　山东人民出版社
社　　址　济南市英雄山路165号
邮　　编　250002
电　　话　总编室（0531）82098914
　　　　　市场部（0531）82098027
网　　址　http://www.sd-book.com.cn
印　　装　北京图文天地制版印刷有限公司
经　　销　新华书店

规　　格　16开（170mm×210mm）
印　　张　6.5
字　　数　30千字
版　　次　2017年6月第1版
印　　次　2019年10月第2次
ISBN 978-7-209-10486-9
定　　价　36.00元
　　　　　如有印装质量问题，请与出版社总编室联系调换。